– Knit Clutch Bag –

– Knit Clutch Bag –

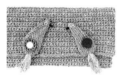

– Knit Clutch Bag –

– Knit Clutch Bag –

應用一點編織技巧，親手作出令人驚豔的時尚單品。

時尚編織・我的風格手拿包

Clutch Bag

A small bag without a shoulder strap,
designed to be held in the one hand.

One of the hottest items
among stylish people.

這幾年已經成為基本必備款的手拿包。

曾經給人正式場合使用的宴會包

這般強烈印象的手拿包，

如今也進化升級為

時尚元素裡不可欠缺的單品。

其中的針織手拿包，

不僅能提升平時的穿搭等級，

恰到好處的自然時尚感

更是獲得極高的人氣。

本書中，

集結了6名人氣作家

掌控流行風潮的手拿包編織教作！

從初學者也能完成的直線編織作品，

到應用少許技巧的進階作品，

一整年皆可使用的針織手拿包，

自己就能親手製作完成！

小型的手拿包可以收納

無法放進口袋的手機或錢包，

大型的手拿包則是

僅放入最低限度的必要物品以保持美麗外形，

何不一同來享受這大人風的時尚樂趣呢？

目次 —— Contents

Knit Clutch Bag Collection

將經典風格進一步時尚化的
針織手拿包

[**經典圖騰手拿包**]

Designed by FUNNY BUNNY

以清爽的海洋色彩為底色，織入深具流行感的民族圖騰設計。
同時兼具休閒感與手織的溫暖，可不限季節活躍一整年。

作法 >>> P+3

[　**三角幾何手拿包**　]

|

Designed by R*oom

以2色三角形組合成幾何圖案
的花樣。藉由更換黑色織線編
織袋底，使整體呈現出更內斂
細膩的印象。令人想要列入簡
潔的春夏穿搭之中。

作法　>>> P44

［ 海星印花蝴蝶結手拿包 ］

|

Designed by KITTUN ASWADU

簡單的手拿包只是接縫具有存在感的蝴蝶結,即可形成鮮明
又柔和的好感輪廓。將手穿過蝴蝶結,不僅方便拿取,更賦
予整體幹練圓融的印象。

作法 >>> P+5

[半圓形手拿包]

Designed by Masami Nagai

一圈圈編織成圓形，再對摺成半的手拿包。明明是極簡風格的單純設計，但半圓形的獨特外形卻顯得十分美麗。加上流蘇，進一步提升時尚度！

作法 >>> P+6

[考津圖騰手拿包]

Designed by gemelli

正面織入馴鹿圖案，背面織入雪花圖案，可以享受雙面樂趣的設計。容易陷入溫吞感的
考津圖案，一旦變身為拿在手上的手拿包，反而營造出「強勢主導」的風格。

作法 >>> P+7

賦予持有者奢華印象的大型手
拿包。即便是大容量款式的手
拿包，但仍舊是打造流行的元
素！避免塞得太滿，自然優雅
地拿在手上，就是看起來帥氣
的訣竅。

作法 >>> P48

作法 >>> P48

大型手拿包

— Designed by gemelli

[貝殼手提包]

Designed by gemelli

包口能夠啪地一下打開的彈片口金貝殼形手拿包。只要裝上穿入班達那印花方巾的金屬鍊帶，即可變身為帶著復古風情的手提包！

作法 >>> P49

[鳳梨編手拿包]

Designed by Masami Nagai

將帶著懷舊風情的鳳梨編運用在手拿包上，反而給人新鮮的印象。透過內側色彩活潑的皇家藍內袋，使花樣更加鮮明，進而凸顯整體的美感。

作法 >>> P50-51

[貓咪手拿包]

Designed by miquraffreshia

愛貓人肯定愛不釋手的鍊條手拿包。仔細看，牠的眼睛還是
異色瞳呢！容易流於孩子氣印象的喵星人單品，只要以黑貓
為型，絕對可以變身為帥氣風格。

作法 >>> P52

[流蘇手拿包]

Designed by Masami Nagai

以黃麻線編織成輕巧好拿的手拿包。藉由主體與袋蓋織法的
不同，讓彼此襯托的編織花樣更加出眾。在流蘇的點綴之
下，使品味更加耀眼。

作法 >>> P54-55

宛如古典毛毯般的鏤空編織，美麗又出色。雖然具有懷舊風，但橫長方的外形卻又訴求著
流行感。綴上繽紛多色的毛線絨球，作為特色焦點。

作法 >>> P53

提帶手拿包

Designed by KITTUN ASWADU

由於兩側都接縫了口型環，因此可以隨意替換手腕帶或金屬鍊條使用的3用包款。再加上堅固的側幅，是一款便利性極佳的完美設計。

作法 >>> P56

[美國風蝴蝶結手拿包]

Designed by FUNNY BUNNY

吸睛的星條旗流行圖案＆
美式風格手拿包。完成之
後的蝴蝶結造型增添了一
抹大人女子的成熟風情。
尺寸不大，卻散發出壓倒
性的存在感。

作法 >>> P57

[圖騰流蘇手拿包]

Designed by FUNNY BUNNY

白色與黑色線材交織而
成，利用色彩的變化來呈
現民族風的圖騰花樣。結
合與圖案交相輝映的大量
流蘇，瞬間成為時下最in
的單品。只是拿在手上便
賦予了洗練俐落的印象。

作法 >>> P58

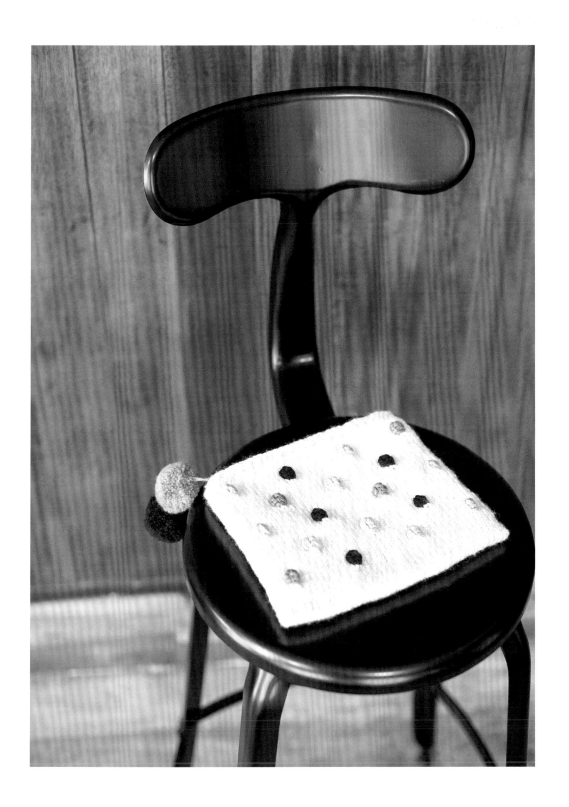

同時運用棒針與鉤針的編織技法，製作出圓潤可愛的水玉點點手拿包。
除了當作手拿包之外，亦可作為波奇包或包中包來使用，用途相當廣泛。

作法 >>> P59

花樣編手拿包 —

Designed by R*oom

充分展現袋蓋的美麗花樣
編，既簡約又洗鍊的魅力
外形。使用具有高雅光澤
的人造絲線材，完成帶有
輕鬆休閒感的作品。

作法 >>> P60-61

[小鳥織片手拿包]

|

Designed by miquraffreshia

以兩隻親密並列的小鳥作出趣味性的焦點。不僅為整體穿搭
帶來時尚感，能夠收納長皮夾或智慧型手機的適中尺寸在使
用上也更便利。

作法 >>> P62

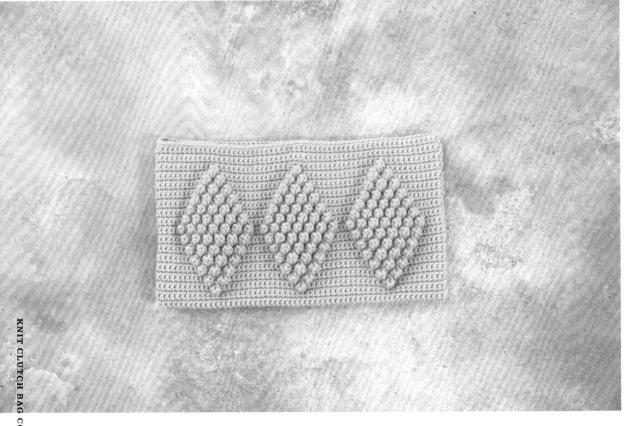

[立體菱形手拿包]

Designed by Masami Nagai

以顆粒狀爆米花針排列成菱形
花樣的設計。使用粗線編織手
拿包,因此更加凸顯爆米花針
的立體感,完成印象鮮明又強
烈的作品。

作法 >>> P63

[多彩穗飾手拿包]

Designed by KITTUN ASWADU

在簡單的白色手拿包上大量點綴小巧的穗飾作為重點裝飾。
充滿民族風的圖騰織帶，再加上土耳其藍珠子，讓時尚氛圍
更加熱絡。

作法 >>> P64

[公牛圖案手拿包]

Designed by miquraffreshia

總是隨波逐流和其他人一樣，多無聊啊！對於想要別出心裁的
人，大推這款手拿包。表情呆萌的公牛圖案將帶來衝擊人心的
視覺效果！牛背上織入的「COW」文字花樣也令人無法忽視。

作法 >>> P65

[**不對稱花樣手拿包**]

|

Designed by gemelli

能夠享受不對稱美麗花樣樂趣的手拿包。唯有棒針編織才能
呈現的蓬鬆柔軟手感，以及不挑服裝的輕鬆百搭特性為其魅
力所在。

作法 >>> P66

[木提把毛茸線圈手拿包]

Designed by R*oom

藉由提把提升使用的便利性,袋身的線圈狀流蘇為手拿包整體營造出柔和的印象。以毛線包編的提把與手拿包融為一體,不論是夾在脇下或拿在手上都顯得更為有型。

作法 >>> P67

附屬配件作法

包括裝飾手拿包的流蘇穗飾或絨球,以及攜帶方便的提帶等,
能夠提升手拿包質感的附屬配件皆收錄於本單元。

毛線穗飾

●材料

Hamanaka Of Course!
Big 芥末黃(115)……約15g

●工具

厚紙板(15×15cm)
剪刀
毛線針

使用毛線製成的基本款流蘇穗飾。需要組裝問號勾時,最好於步驟**3**製作結眼時,就先將問號勾穿入毛線中。

1 在厚紙板上纏繞毛線30次。

2 纏繞完成後,剪斷毛線。

3 剪一段40cm長的毛線,對摺後製作1cm左右的結眼。

4 將步驟**3**穿入厚紙板與線圈之間,牢牢打結固定。

5 取下厚紙板上的毛線,以剪刀穿入線圈,剪開。

6 剪一段60cm長的毛線,在上方算起大約3cm處纏繞8次,牢牢束緊打結固定。

7 兩端的線頭分別穿入毛線針,縫針穿入步驟**6**中纏繞的毛線縫隙間。

8 拉緊毛線,將結眼藏入內側。

9 整理穗飾形狀,以剪刀修齊流蘇長度即完成。

合成皮製的流蘇

●材料

合成皮（0.3cm寬）淺駝色……130cm
合成皮（0.3cm寬）黑色……100cm
直徑1.5cm的造型單圈……1個
直徑0.5cm的單圈……1個
旋轉問號勾……1個
小吊飾（貝殼）……1個
縫線……適量

●工具

直尺
剪刀
尖嘴鉗2把

在針織手拿包上搭配異材質的流蘇，賦予整體內斂簡潔的印象。若使用柔軟的皮革製作，則可呈現高級感。

1 使用兩把尖嘴鉗夾住造型單圈，分別往前、後拉開。

2 將旋轉問號勾穿入打開的造型單圈中，再朝步驟 **1** 的反方向施力，閉合開口。

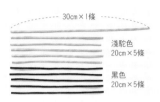

3 將淺駝色的合成皮裁成30cm×1條與20cm×5條，黑色的合成皮裁成20cm×5條。

4 將10條裁成20cm長的淺駝色與黑色合成皮穿入步驟2的造型單圈中。

5 合成皮對摺，在上方算起大約1.5cm的位置以縫線繫緊，打結固定。

6 以裁成30cm長的淺駝色合成皮製作環圈，一端預留3cm左右。

7 交叉的部分與步驟 **5** 打結的縫線上方疊合。

8 緊密平順地往下纏繞3圈。此時仍保留著先前製作的環圈。

9 將纏好的合成皮繩端穿入環圈中。

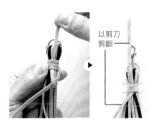

10 拉動上方的合成皮，將結眼收入內側隱藏。多餘的合成皮沿邊緣剪斷。

11 以單圈連接纏好的合成皮與小吊飾。

12 以剪刀修齊流蘇長度即完成。

金屬鍊帶

●材料
羅紋織帶（1.5cm寬）粉紅色……90cm
直徑1.8cm的單圈……30個
1.5cm的旋轉勾……2個
縫線……適量

●工具
剪刀
縫針

由單圈與羅紋織帶組合而成的金屬鍊帶。只要增加或減少單圈的數量，即可隨意調整成個人喜好的長度。

1 將2個單圈穿入羅紋織帶中。

2 羅紋織帶以「單圈1→單圈2」的順序穿入。

3 穿入新的單圈（3）。羅紋織帶依照「單圈2→單圈3」的順序穿入。

4 重複步驟3，在羅紋織帶上逐一穿入30個單圈。

5 預留5cm左右的羅紋織帶後剪斷，依「旋轉勾→最後穿入的單圈」的順序穿入織帶。

6 將羅紋織帶的邊端摺入內側，如圖示以藏針縫縫合虛線部分。另一側以相同方式處理，完成。

手腕帶

●材料
尼龍織帶（4.5cm寬）芥末黃……35.5cm
8mm的釘釦……2個
4cm的旋轉勾……1個
縫線……適量

●工具
黏著劑
下壓式圓斬（直徑4mm）
切割墊
槌子
萬用台
剪刀
縫針

具有安定感的寬版手腕帶。只需掛在手腕上就能輕鬆攜帶，手拿的姿勢也絕對帥氣十足。

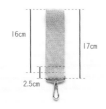

1 在尼龍織帶的切口塗上一層薄薄的黏著劑。靜置乾燥之後穿入旋轉勾，依圖示摺疊，重疊處以藏針縫縫合。

2 如圖示在距離邊端1cm處，以馬克筆作記號。鋪上切割墊，以下壓式圓斬打洞。

3 穿入釘釦，置於萬用台上，以槌子敲打。另一個孔洞也以相同方式安裝釘釦即完成。

毛線絨球

●材料

Hamanaka FUUGA
《SOLO COLOR》紫色（I07）……約5g

●工具

Hamanaka 毛線球編織器
（H204-550）直徑5.5cm
剪刀

想要輕輕鬆鬆製作毛線球時，不妨使用「毛線球編織器」。由於直接將毛線纏繞成圓形，因此剪掉的部分較少，不會浪費毛線。

1 將2片毛線球編織器的孔洞疊合。

2 手持毛線球編織器並壓住線端，如圖示將毛線纏繞成半圓形。均勻地纏繞毛線且纏得稍緊，直到虛線的部分填滿為止後，剪線。

3 改拿毛線球編織器的另一側，以相同方式纏繞毛線後剪線。

4 將毛線球編織器摺成圓形，以扣環固定。以剪刀插入2片毛線球編織器之間，剪開纏繞的毛線。

5 剪一段20cm左右的毛線，在2片毛線球編織器中間繞線2圈，徹底打結固定。

6 取下毛線球編織器，整理形狀後以剪刀修剪成圓球形。步驟**5**的毛線是繫在手拿包上的吊繩，請勿剪掉。

流蘇繫法

這是將流蘇繫在手拿包上的技法。關於毛線的數量與長度，請分別配合各個作品的作法說明進行調整。

1 鉤針由織片背面穿入，鉤住毛線對摺處。

2 引拔毛線。

3 將毛線線端穿入引拔的線圈中。

4 拉緊毛線的兩端，牢牢繫於織片上。

5 重複步驟**1**至**4**即完成。流蘇長度參差不齊時，以剪刀修剪整齊即可。

編織基礎技法

● 鉤針編織

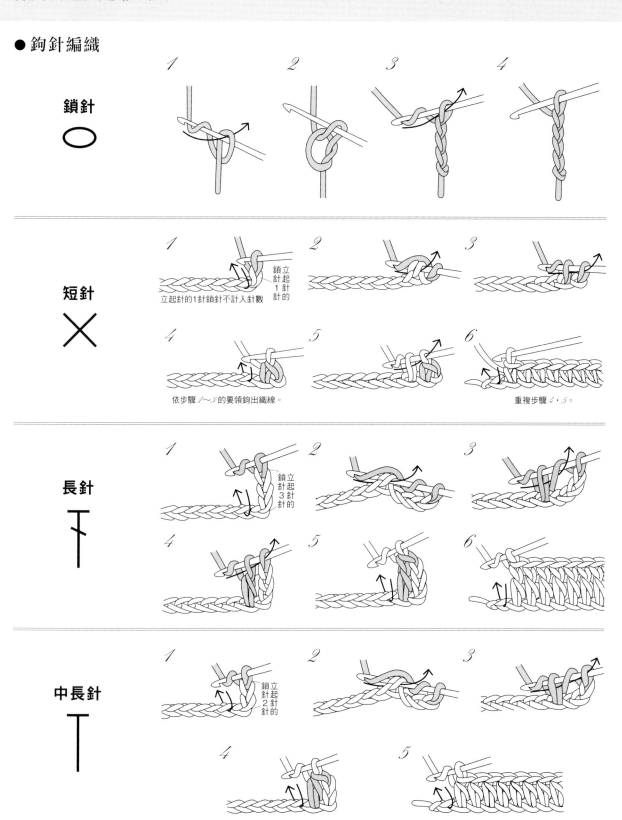

鎖針

◯

短針

✕

長針

⊤

中長針

⊤

引拔針

 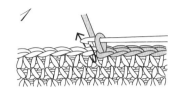 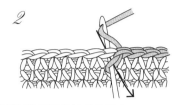

2短針加針

 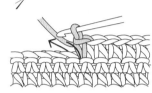 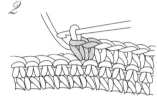 

在同一針目中鉤織2針短針。

3短針加針

 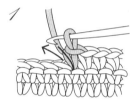  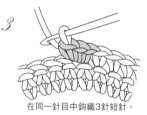

在同一針目中鉤織3針短針。

2長針加針

 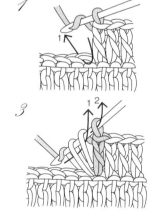 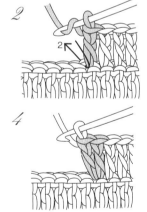

在同一針目中鉤織2針長針。

2短針併針

 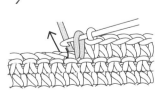 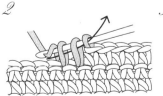 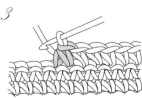

與鉤織短針相同的方式鉤出織線，
接著直接在下一個針目入針。

以相同織法鉤出織線後，一次鉤織2針。

3短針併針

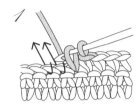

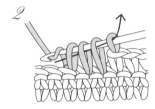

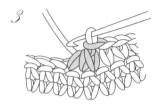

 **3長針的
玉針**

鉤織3針未完成的長針。

鉤針掛線，一次引拔針上所有線圈。

※ （P.55）的作法是在圖1時鉤織立起針的3針鎖針，之後再以相同方式鉤織。

**3長針的
爆米花針**

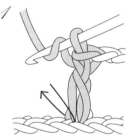

在同一針目中織入3針長針。

抽出鉤針，依箭頭指示穿入第1針的
針頭，再穿回原針目，並且將其鉤出。

鉤針掛線，鉤織1針鎖針，
這1針即為此針目的針頭。

**5長針的
爆米花針**

在同一針目中織入5針長針。

抽出鉤針，依箭頭指示穿入第1針的
針頭，再穿回原針目。

依照箭頭指示鉤出針目。

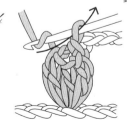

鉤針掛線，鉤織1針鎖針。

步驟⁄鉤織的1針鎖針即為此針目的針頭。

環編長針

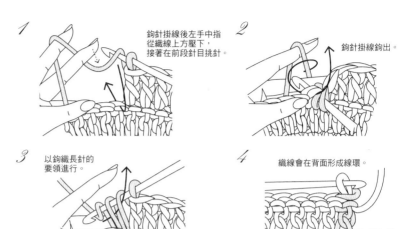

1 鉤針掛線後左手中指從織線上方壓下,接著在前段針目挑針。

2 鉤針掛線鉤出。

3 以鉤織長針的要領進行。

4 織線會在背面形成線環。

捲針併縫
<半針併縫>

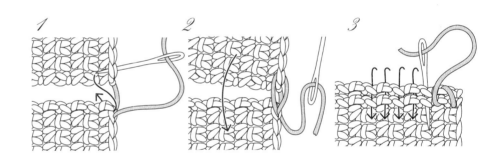

1　*2*　*3*

鎖針併縫

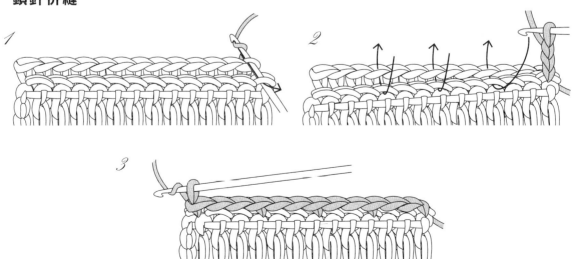

1　*2*

3

● 棒針編織

手指掛線起針法

線頭端預留大約編織長度的3.5倍長，以棒針進行起針。起針針目若織得太緊，會導致完成的織片邊緣產生扭曲，因此請以比織片用棒針再粗1至2號的棒針，編織稍微寬鬆的起針針目。

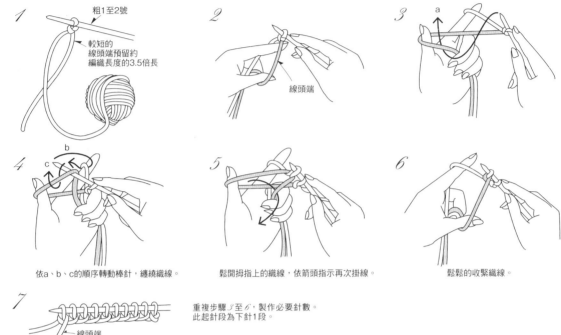

依a、b、c的順序轉動棒針，纏繞織線。

鬆開拇指上的織線，依箭頭指示再次掛線。

鬆鬆的收緊織線。

重複步驟 3 至 6，製作必要針數。
此起針段為下針1段。

線頭端

下針		上針	

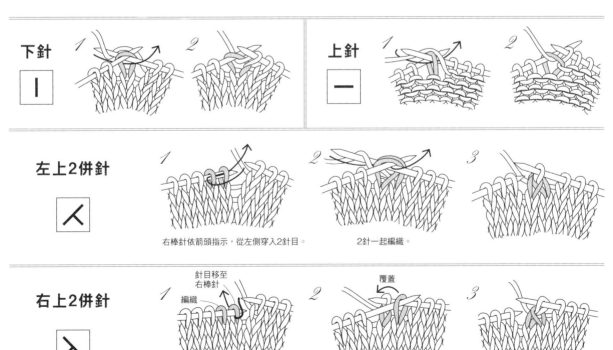

左上2併針

右棒針依箭頭指示，從左側穿入2針目。

2針一起編織。

右上2併針

針目移至右棒針

編織

覆蓋

左棒針上的針目不編織，
直接移至右棒針上，下一針織下針。

將不編織直接移動的針目覆蓋在左側的針目上。

上針的 左上2併針 		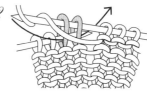	
上針的 右上2併針 	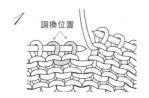		

右上2針交叉

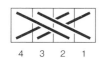

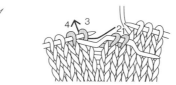

右側2針移至麻花針上,置於內側暫休針。

左側2針織下針。

麻花針上的2針織下針。

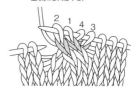

左上2針交叉

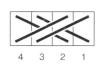

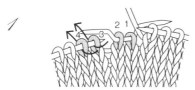

右側2針移至麻花針上,置於外側暫休針。

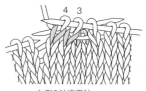

左側2針織下針。

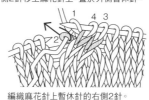

編織麻花針上暫休針的右側2針。

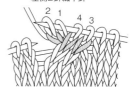

套收針

從邊端2針開始編織。

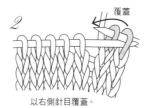

以右側針目覆蓋。

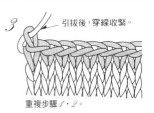

引拔後,穿線收緊。

重複步驟1・2。

右上3針交叉

6 5 4 3 2 1

1

右側3針移至麻花針上，
置於內側暫休針。

2

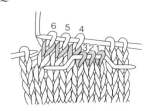

左側3針織下針。

3

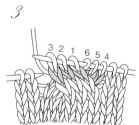

麻花針上的3針織下針。

左上3針交叉

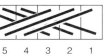

6 5 4 3 2 1

1

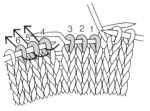

右側3針移至麻花針上，
置於外側暫休針。

2

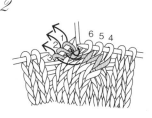

左側3針織下針。

3

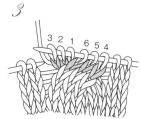

麻花針上的3針織下針。

綴縫方法
＜挑針綴縫＞

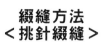

1

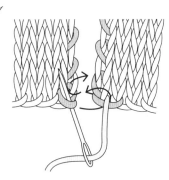

收針處的織線預留長一些，穿入毛線針中，
由下襬處開始縫合。

2

輪流在左、右兩側挑橫線綴縫。

3

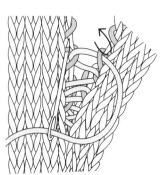

交互挑縫各段邊端第1針
與第2針之間的每1條橫線。
收緊縫線至兩片密合為止，
注意別讓織片產生歪斜扭曲。

經典圖騰手拿包

Designed by
FUNNY BUNNY

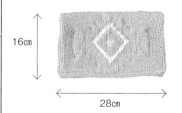

16cm

28cm

●線材	Hamanaka Ami Ami Cotton 水藍色（10）200g
	Hamanaka Ami Ami Cotton 白色（1）5g
	Hamanaka Dreana 粉紅色（53）10g
	Hamanaka Dreana 奶油色（54）5g
	Hamanaka Dreana 薄荷綠（55）5g
●工具	9號棒針2枝
	鉤針7/0號
●其他材料	內袋用布 30×46cm

密度：平面針（取雙線編織）
16針23段＝10cm平方

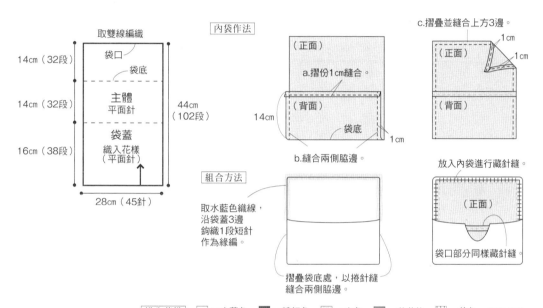

取雙線編織

袋口
袋底

14cm（32段）

主體
平面針

14cm（32段）

袋蓋
織入花樣
（平面針）

16cm（38段）

44cm
（102段）

28cm（45針）

內袋作法

（正面）

a.摺份1cm縫合。

（背面）

袋底

14cm

1cm

b.縫合兩側脇邊。

c.摺疊並縫合上方3邊。

1cm
1cm

（正面）

（背面）

放入內袋進行藏針縫。

（正面）

袋口部分同樣藏針縫

組合方法

取水藍色織線，
沿袋蓋3邊
鉤織1段短針
作為緣編。

摺疊袋底處，以捲針縫
縫合兩側脇邊。

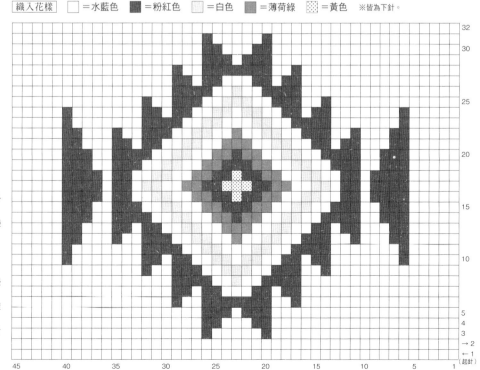

織入花樣　□=水藍色　■=粉紅色　▨=白色　▨=薄荷綠　▨=黃色　※皆為下針。

織法

取雙線編織。以棒針進行手指掛
線起針法，起45針開始編織，
一邊以平面針編織102段，一邊
織入花樣，最後織套收針。

組合方法

①摺疊主體的袋底處，兩側脇邊
　縫合固定。
②以鉤針沿袋蓋3邊鉤織1段短
　針，作為緣編。
③縫合內袋（縫份1cm），藏針
　縫於主體內側。

43

三角幾何手拿包

Designed by
R*oom

●**線材**　Hamanaka Eco Andaria 黑色（30）30g
　　　　Hamanaka Eco Andaria 灰色（58）55g
　　　　Hamanaka Eco Andaria 藍綠色（68）55g
●**工具**　鉤針7/0號
●**其他材料**　直徑1.5cm的磁釦（手縫型）1組

18cm

29cm

密度：短針
16針18段＝10cm平方

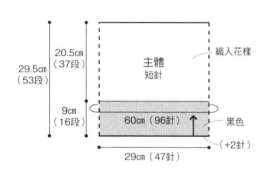

29.5cm（53段）
20.5cm（37段）
主體 短針
織入花樣
9cm（16段）
60cm（96針）
黑色
（+2針）
29cm（47針）

組合方法

1.5cm
磁釦縫於內側

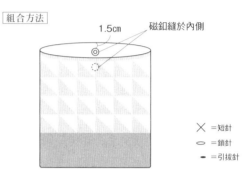

X＝短針
⟨⟩＝鎖針
•－＝引拔針

在引拔針的鉤織終點以鎖針接縫收針。
（鎖針接縫：引拔至最後一針，預留約10cm的線長後剪斷，
穿入毛線針。縫針橫向穿入最初的引拔針，
再穿回針目中央，形成鎖針的模樣接合成圈。）

主體　■＝黑色　▨＝灰色　□＝藍綠色

8針1組花樣

9段1組花樣

織法

取1條織線鉤織。鎖針起針47針
開始鉤織，第1段挑96針，接合
鉤織成圈。接著以輪編鉤織53
段短針，第17段開始進行織入
花樣。最後鉤織一圈引拔針。

組合方法

接縫磁釦。

起針處

鎖針起針47針

海星印花蝴蝶結手拿包

Designed by
KITTUN ASWADU

● **線材**　Hamanaka Paume Cotton Linen 白色（201）50g
　　　　　Hamanaka Eco Andaria 白色（1）70g
● **工具**　鉤針7/0號
● **其他材料**　內袋用布 33×45cm
　　　　　　　拉鍊（30cm）
　　　　　　　蝴蝶結用布 54×86cm

22cm

31cm

密度：長針（取雙線編織）
13針7段＝10cm平方

取雙線編織

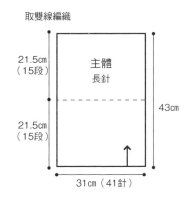

主體

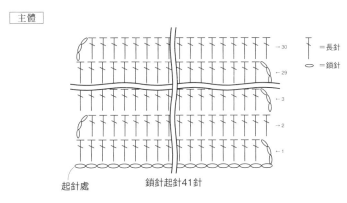

21.5cm（15段）
主體 長針
21.5cm（15段）
43cm
31cm（41針）
起針處
鎖針起針41針

→30
→29
→2
→1

$\top$ ＝長針
$\circ$ ＝鎖針

預留1cm縫份後裁剪。

圖A

42cm
蝴蝶結
摺山
42cm
84cm
38cm

①正面相對，對摺後縫合。

②以熨斗燙開縫份。

③翻至正面，接縫處置於背面中央。

④縫合方式同蝴蝶結，接著翻至正面。

蝴蝶結（背面）
摺山

蝴蝶結（正面）

蝴蝶結環布（背面）（正面）

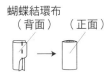

蝴蝶結環布

18cm
12cm

⑤如圖示作出褶襉，蝴蝶結兩端疏縫固定。在中央纏繞蝴蝶結環布，縫合固定。

⑥主體正面相對對摺，中間夾入蝴蝶結，一起縫合兩側脇邊。

蝴蝶結環布（正面）
製作褶襉，疏縫固定。

11cm
中央 10cm 9cm
11cm
6cm
蝴蝶結（正面）

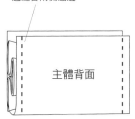

主體背面

織法

使用Paume與Eco Andaria各一的雙線鉤織。鎖針起針41針開始鉤織，以長針的往復編鉤織30段。

組合方法

①製作蝴蝶結（圖A）。
②主體正面相對對摺，中間夾入蝴蝶結，一起縫合兩側脇邊，完成後翻至正面。

③將內袋用布正面相對對摺，接縫拉鍊（參照P.65），縫合兩側脇邊（縫份1cm）。
④內袋以藏針縫於主體內側。

半圓形手拿包

Designed by
Masami Nagai

- ●線材　Hamanaka Eco Andaria 金色（170）50g
- ●工具　鉤針7/0號
- ●其他材料　拉鍊（40㎝）
- ※合成皮製作的流蘇材料與道具請參照P.33。

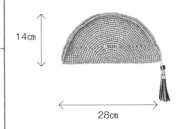

14㎝

28㎝

密度：短針
21針19段＝10㎝平方

織法

取1條線編織。手指繞線起針法開始鉤織，以短針鉤織25段，第25段是只挑前段針頭的內側半針，再以短針鉤織1段緣編。

接著依織圖挑第24段針頭的內側半針（第25段未挑針的部分）鉤織79針後，跳過6針，再以相同方式鉤織79針。

組合方法

①主體正面相對對摺，將拉鍊接縫於緣編，再翻回正面。
②製作流蘇穗飾（參照P.33），繫於拉鍊拉環上。

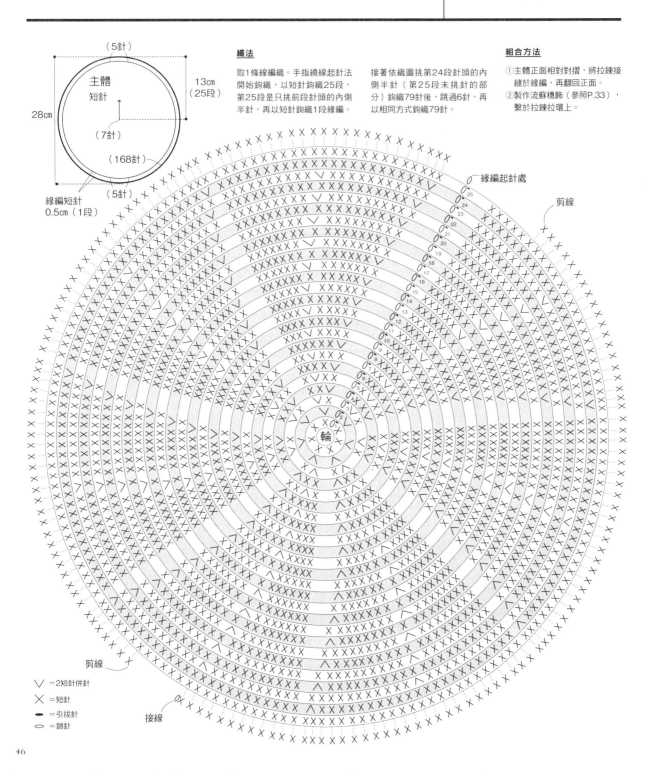

（5針）

主體
短針

13㎝
（25段）

28㎝

（7針）

（168針）

（5針）

緣編短針
0.5cm（1段）

緣編起針處

剪線

剪線

接線

∨ ＝2短針併針
✕ ＝短針
● ＝引拔針
○ ＝鎖針

考津圖騰手拿包

Designed by
gemelli

- **●線材**　Hamanaka Of Course！Big 芥末黃（115）65g
　　　　Hamanaka Sonomono《超極太》 原色（11）65g
　　　　Hamanaka Sonomono《超極太》 淺駝色（12）5g
- **●工具**　8mm棒針2枝
- **●其他材料**　內袋用布 35×50cm
　　　　拉鍊（30cm）
　　　　問號勾（3cm）1個

26cm

37cm

密度：平面針
　　11針15段＝10cm平方

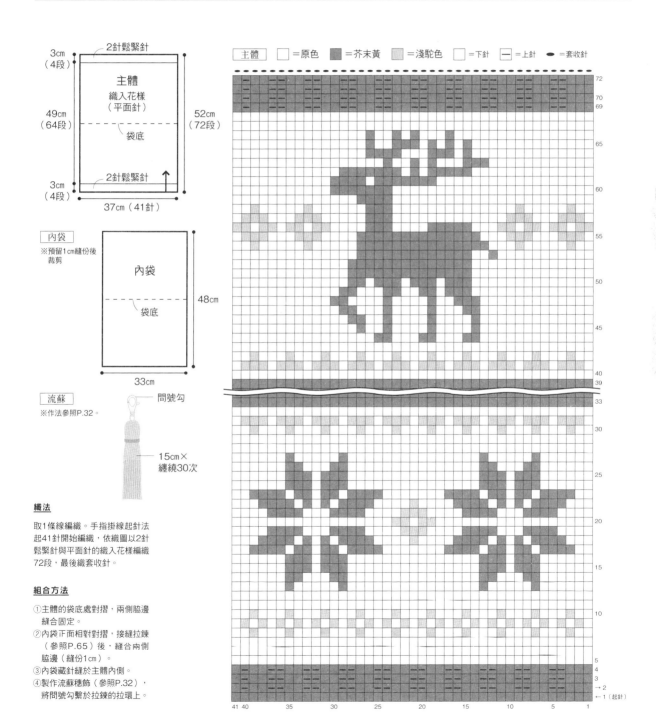

主體　□=原色　■=芥末黃　▨=淺駝色　□=下針　—=上針　●=套收針

織法

取1條線編織。手指掛線起針法
起41針開始編織，依織圖以2針
鬆緊針與平面針的織入花樣編織
72段，最後織套收針。

組合方法

①主體的袋底處對摺，兩側脇邊
　縫合固定。
②內袋正面相對對摺，接縫拉鍊
　（參照P.65）後，縫合兩側
　脇邊（縫份1cm）。
③內袋藏針縫於主體內側。
④製作流蘇穗飾（參照P.32），
　將問號勾繫於拉鍊的拉環上。

大型手拿包

Designed by
gemelli

● **線材** Hamanaka Sonomono《超極太》 淺駝色（12）240g
● **工具** 15號棒針2枝
鉤針10/0號
● **其他材料** 內袋用布與接著襯 各42×71cm
拉鍊（35cm）
仿麂皮繩（32cm）2條

側幅10cm

27cm

33cm

密度：花樣編（主體）
14針21段＝10cm平方

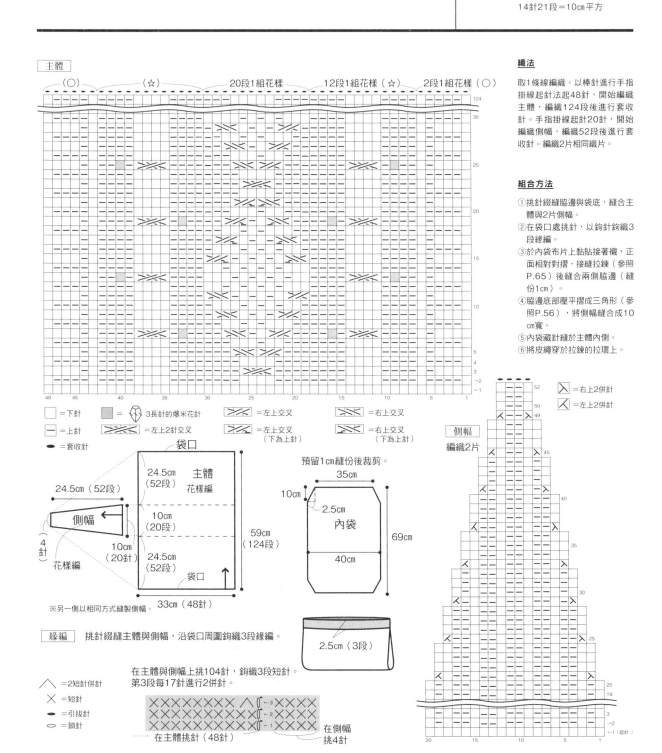

織法

取1條線編織。以棒針進行手指掛線起針法起48針，開始編織主體，編織124段後進行套收針。手指掛線起針20針，開始編織側幅，編織52段後進行套收針。編織2片相同織片。

組合方法

①挑針綴縫脇邊與袋底，縫合主體與2片側幅。
②在袋口處挑針，以鉤針鉤織3段緣編。
③於內袋布片上黏貼接著襯，正面相對對摺，接縫拉鍊（參照P.65）後縫合兩側脇邊（縫份1cm）。
④脇邊底部壓平摺成三角形（參照P.56），將側幅縫合成10cm寬。
⑤內袋藏針縫於主體內側。
⑥將皮繩穿於拉鍊的拉環上。

48

貝殼手提包

Designed by
gemelli

- ●線材　　　Hamanaka Men's Club MASTER 原色（22）150g
- ●工具　　　12號棒針2枝
　　　　　　　鉤針8/0號
- ●其他材料　附吊耳彈片口金（24cm）
　　　　　　　內袋用布 100×55cm
　　　　　　　鍊條（38cm）
　　　　　　　問號勾（4.5cm）2個
　　　　　　　班達那印花方巾 45cm正方形

27.5cm

52cm

密度：花樣編
19針21段＝10cm平方

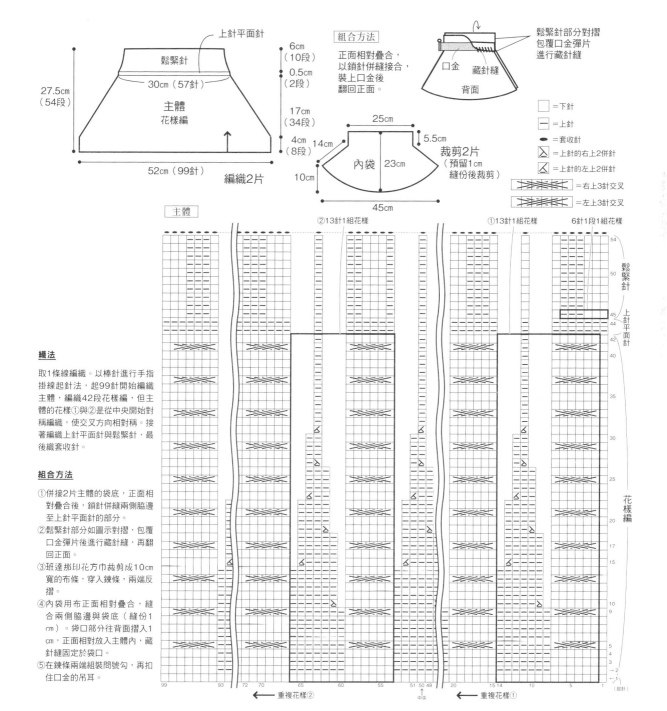

織法

取1條線編織。以棒針進行手指掛線起針法，起99針開始編織主體，編織42段花樣編，但主體的花樣①與②是從中央開始對稱編織，使交叉方向相對稱。接著編織上針平面針與鬆緊針，最後織套收針。

組合方法

①併接2片主體的袋底，正面相對疊合後，鎖針併縫兩側脇邊至上針平面針的部分。

②鬆緊針部分如圖示對摺，包覆口金彈片後進行藏針縫，再翻回正面。

③班達那印花方巾裁剪成10cm寬的布條，穿入鍊條，兩端反摺。

④內袋用布正面相對疊合，縫合兩側脇邊與袋底（縫份1cm）。袋口部分往背面摺入1cm，正面相對放入主體內，藏針縫固定於袋口。

⑤在鍊條兩端組裝問號勾，再扣住口金的吊耳。

49

鳳梨編手拿包

Designed by
Masami Nagai

●線材　　　Hamanaka Paume Cotton Linen 白色（201）70g
●工具　　　鉤針5/0號
●其他材料　內袋用布 30×39cm

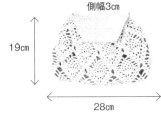

側幅3cm

19cm

28cm

密度：花樣編A
　　　1組花樣7cm、11段＝10cm
　　　花樣編B
　　　30針＝10cm、23段＝8cm

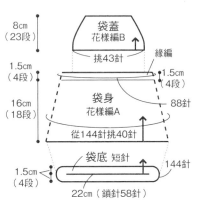

8cm
（23段）

袋蓋
花樣編B

挑43針　　緣編

1.5cm
（4段）　　　　　　　　1.5cm
　　　　　　　　　　　（4段）

袋身
花樣編A

16cm
（18段）　　　　　　　　　88針

從144針挑40針

袋底 短針

1.5cm
（4段）　　　　　　　　144針

22cm（鎖針58針）

內袋

※預留1cm縫份後裁剪。

內袋

袋底

37cm

28cm

袋蓋　挑主體上緣的針目接續鉤織。

織法

取1條線鉤織。鎖針起針58針開
始鉤織主體，依織圖一邊進行短
針的加針，一邊鉤織袋底。接
著，以花樣編A鉤織袋身至第18
段。接線後，鉤織4段緣編。袋
蓋則是在主體背面挑43針，以
花樣編B進行往復編。

組合方法

①內袋用的布正面相對對摺，縫
　合兩側脇邊（縫份1cm）。
②內袋袋口往背面反摺1cm，對
　照主體袋口尺寸適當作出褶
　襇，縫合一圈。
③脇邊袋底處壓平，摺疊成三角
　形（參照P.56）作出3cm寬的
　側幅，縫合固定。
④將內袋藏針縫於主體內側。

⋀ ＝2短針併針
✕ ＝短針
◯ ＝鎖針
● ＝引拔針

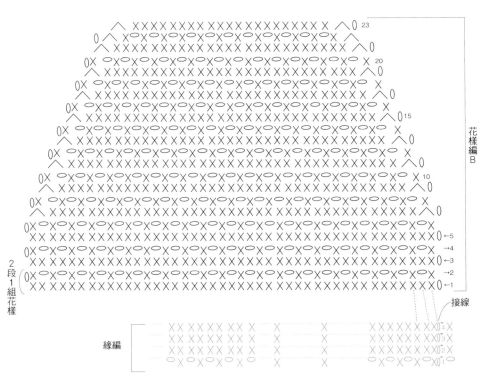

花樣編B

23
20
15
10
←5
→4
→3
→2
←1

接線

2段1組花樣

緣編

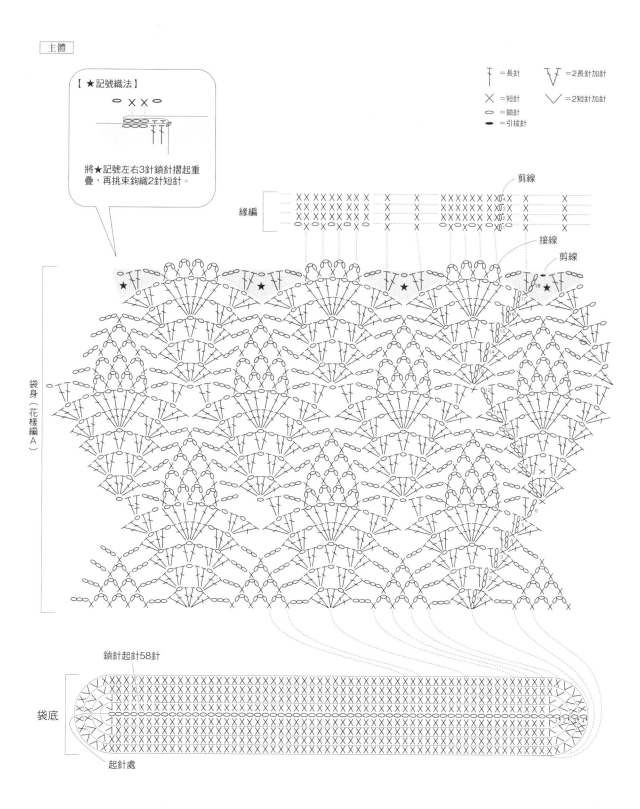

主體

【★記號織法】

將★記號左右3針鎖針摺起重疊，再挑束鉤織2針短針。

┳=長針　　Ⅴ=2長針加針
╳=短針　　Ⅴ=2短針加針
○=鎖針
●=引拔針

剪線

緣編

接線
剪線

袋身（花樣編A）

鎖針起針58針

袋底

起針處

51

貓咪手拿包

Designed by
miquraffreshia

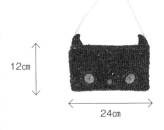

12cm

24cm

● 線材　Hamanaka Luna Mole《漸層》黑色系（206）170g
● 工具　鉤針7/0號
　　　　繡針　斜口鉗
● 其他材料　Hamanaka 玩偶用眼睛 貓眼型9mm 金黃色（H220-209-8）
　　　　珠光藍（H220-209-22）各1顆
　　　　眼睛用布 10×5cm　繡線25號（橘色）少許
　　　　鼻用鈕釦（直徑1.5cm）1個
　　　　直徑1.3cm按釦1組　附問號勾的鍊條（120cm）

密度：短針（取雙線編織）
13針14段＝10cm平方

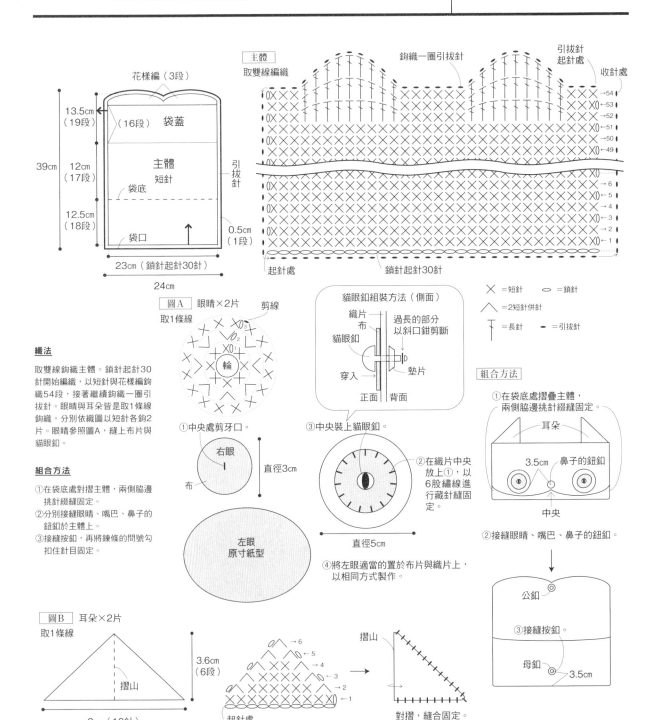

織法

取雙線鉤織主體。鎖針起針30針開始編織，以短針與花樣編鉤織54段，接著繼續鉤織一圈引拔針。眼睛與耳朵皆是取1條線鉤織，分別依織圖以短針各鉤2片。眼睛參照圖A，縫上布片與貓眼釦。

組合方法

①在袋底處對摺主體，兩側脇邊挑針綴縫固定。
②分別接縫眼睛、嘴巴、鼻子的鈕釦於主體上。
③接縫按釦，再將鍊條的問號勾扣住針目固定。

圖A 眼睛×2片　剪線
取1條線

①中央處剪牙口。

右眼
布

直徑3cm

左眼
原寸紙型

貓眼釦組裝方法（側面）

織片
布
貓眼釦
過長的部分以斜口鉗剪斷
穿入
墊片
正面　背面

③中央裝上貓眼釦。

②在織片中央放上①，以6股繡線進行藏針縫固定。

直徑5cm

④將左眼適當的置於布片與織片上，以相同方式製作。

組合方法

①在袋底處摺疊主體，兩側脇邊挑針綴縫固定。

耳朵
3.5cm
鼻子的鈕釦
中央

②接縫眼睛、嘴巴、鼻子的鈕釦。

公釦
③接縫按釦。
母釦
3.5cm

×＝短針　　○＝鎖針
∧＝2短針併針
┬＝長針　　●＝引拔針

圖B 耳朵×2片
取1條線

摺山

3.6cm
（6段）

8cm（10針）

起針處

摺山

對摺，縫合固定。

絨球吊飾手拿包

Designed by
Masami Nagai

- **●線材** Hamanaka Amerry 藏青色（17）90g
  Hamanaka Amerry 粉紅色（7）10g
  Hamanaka Amerry 藍綠色（12）10g
- **●工具** 鉤針6/0號
  Hamanaka 毛線球編織器（H204-550）直徑5.5cm
- **●其他材料** 內袋用布（厚布）34×28cm

13cm

33cm（不含毛線絨球）

密度：花樣編
20針11段＝10cm平方

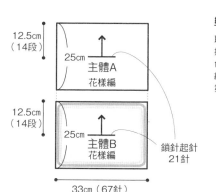

12.5cm
（14段）

25cm 主體A
花樣編

12.5cm
（14段）

25cm 主體B
花樣編

鎖針起針
21針

33cm（67針）

織法

取1條線鉤織。鎖針起針21針開始編織，除指定以外皆使用藏青色織線，依織圖鉤織14段花樣編。主體B是以指定的配色鉤織第12段與第13段。

組合方法

①2片主體背面相對摺疊，以捲針縫縫合3邊。
②內袋用的布裁剪成34×28cm（含縫份1cm），正面相對對摺（28cm摺半），縫合兩側脇邊，袋口往外摺疊2次×1cm的三摺邊，接著翻至正面朝外。袋口車縫一圈，放入主體內進行藏針縫。
③混合使用藏青色、粉紅色、藍綠色3色織線纏繞70次，製作毛線球（參照P.35），完成後縫於主體邊角。

T ＝長針
× ＝短針
○ ＝鎖針
－ ＝引拔針

□ ＝藍綠色
■ ＝粉紅色

主體B

組合方法

背面相對摺疊，
以捲針縫縫合3邊。

主體

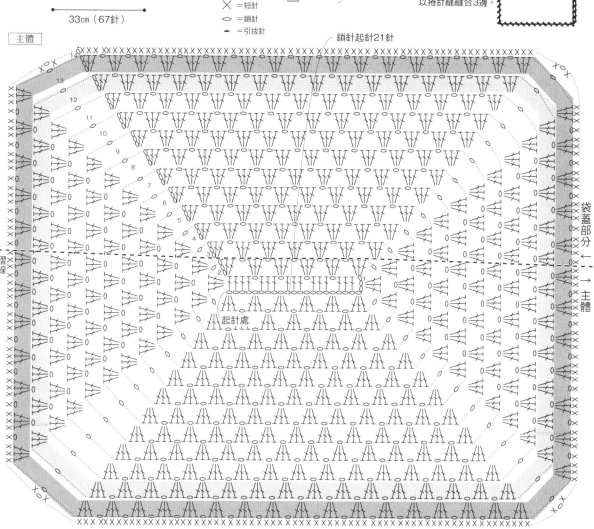

鎖針起針21針

袋蓋部分 ←
→ 主體

摺線

起針處

流蘇手拿包

Designed by
Masami Nagai

- ●線材　Hamanaka Comacoma 黃色（3）145g
- ●工具　鉤針8/0號

17cm

29cm

密度：短針
16針17段＝10cm平方

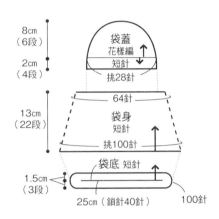

8cm
（6段）

2cm
（4段）

袋蓋
花樣編
短針
挑28針

13cm
（22段）

64針
袋身
短針
挑100針

袋底 短針

1.5cm
（3段）

25cm（鎖針40針）　100針

袋蓋　每個★號處皆繫上2條流蘇（流蘇繫法請參照P.35）。
　　　以15cm×2條織線製作流蘇，再統一剪齊為4cm長。

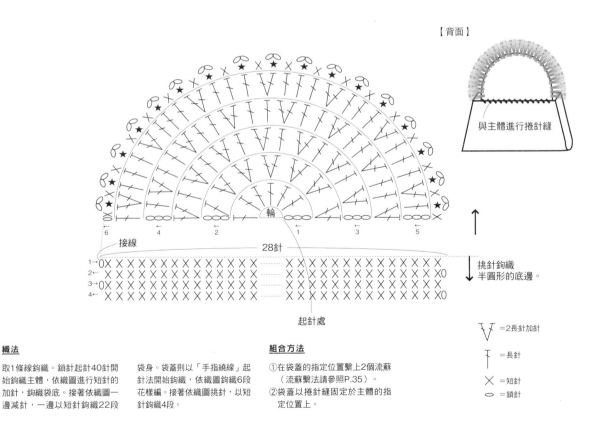

【背面】

與主體進行捲針縫

接線

28針

挑針鉤織
半圓形的底邊。

起針處

V＝2長針加針

T＝長針

X＝短針

○＝鎖針

織法

取1條線鉤織。鎖針起針40針開始鉤織主體，依織圖進行短針的加針，鉤織袋底。接著依織圖一邊減針，一邊以短針鉤織22段

袋身。袋蓋則以「手指繞線」起針法開始鉤織，依織圖鉤織6段花樣編。接著依織圖挑針，以短針鉤織4段。

組合方法

①在袋蓋的指定位置繫上2個流蘇（流蘇繫法請參照P.35）。
②袋蓋以捲針縫固定於主體的指定位置上。

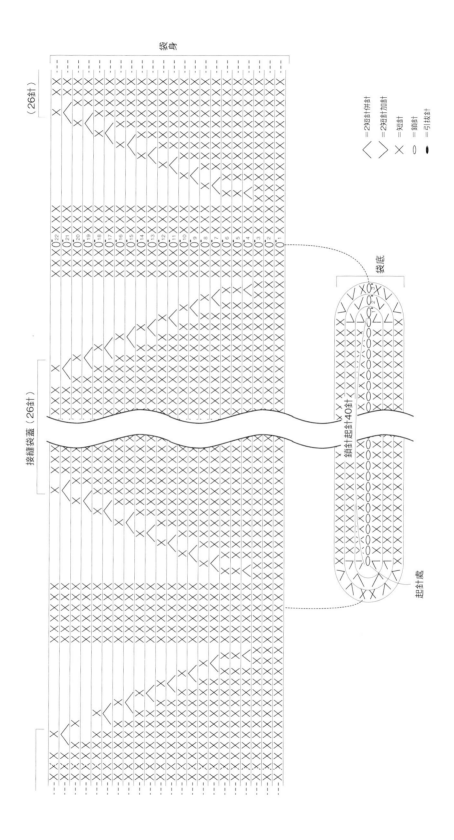

提帶手拿包

Designed by
KITTUN ASWADU

●**線材** Hamanaka Comacoma 藍色（16）180g
●**工具** 鉤針8/0號
●**其他材料** 內袋用布 36×55cm
直徑1.8cm的磁釦（手縫型）1組 裝飾五金 1個
2cm的口型環 2個
※金屬鍊帶與手腕帶的材料與工具請參照P.34。

密度：短針
12針14段＝10cm平方
中長針
12針8段＝10cm平方

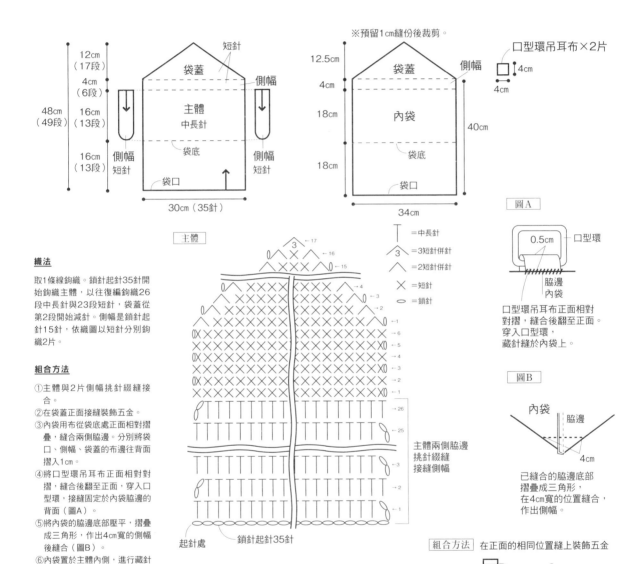

織法

取1條線鉤織。鎖針起針35針開始鉤織主體，以往復編鉤織26段中長針與23段短針，袋蓋從第2段開始減針。側幅是鎖針起針15針，依織圖以短針分別鉤織2片。

組合方法

①主體與2片側幅挑針綴縫接合。
②在袋蓋正面接縫裝飾五金。
③內袋用布從袋底處正面相對摺疊，縫合兩側脇邊。分別將袋口、側幅、袋蓋的布邊往背面摺入1cm。
④將口型環吊耳布正面相對對摺，縫合後翻至正面，穿入口型環，接縫固定於內袋脇邊的背面（圖A）。
⑤將內袋的脇邊底部壓平，摺疊成三角形，作出4cm寬的側幅後縫合（圖B）。
⑥內袋置於主體內側，進行藏針縫。
⑦接縫磁釦。
⑧製作金屬鍊帶（參照P.34）。
⑨製作手腕帶（參照P.34）。

圖A
口型環吊耳布正面相對對摺，縫合後翻至正面。穿入口型環，藏針縫於內袋上。

圖B
已縫合的脇邊底部摺疊成三角形，在4cm寬的位置縫合，作出側幅。

組合方法 在正面的相同位置縫上裝飾五金

以問號勾連接提帶
※提帶作法請參照P.34。

美國風蝴蝶結手拿包

Designed by
FUNNY BUNNY

- ●**線材**　Hamanaka Ami Ami Cotton 胭脂紅（24）50g
  Hamanaka Ami Ami Cotton 白色（1）50g
  Hamanaka Ami Ami Cotton 藏青色（19）100g
- ●**工具**　9號棒針2枝
- ●**其他材料**　直徑1.8cm的磁釦（手縫型）1組

17.5cm

30cm

密度：平面針（取雙線編織）
14針24段＝10cm平方

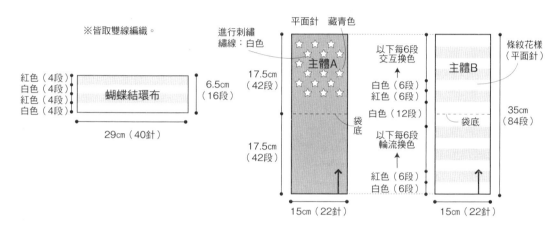

※皆取雙線編織。

紅色（4段）
白色（4段）
紅色（4段）
白色（4段）

蝴蝶結環布

6.5cm（16段）

29cm（40針）

進行刺繡
繡線：白色

平面針　藏青色

主體A

17.5cm（42段）

袋底

17.5cm（42段）

15cm（22針）

以下每6段交互換色

白色（6段）
紅色（6段）

白色（12段）

以下每6段輪流換色

紅色（6段）
白色（6段）

主體B

條紋花樣（平面針）

袋底

35cm（84段）

15cm（22針）

刺繡

2入
1出
4入
3出

組合方法

①綴縫主體A與B。

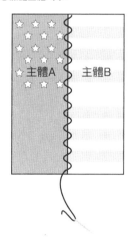

主體A　主體B

②收緊縫線。

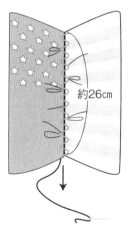

約26cm

織法

取雙線編織。以棒針進行手指掛線起針法，起22針開始編織主體A，編織84段後織套收針。以相同方式編織條紋花樣的主體B。取2條白色織線於主體A上進行刺繡。手指掛線起針40針，編織蝴蝶結環布，編織16段後織套收針。

組合方法

①縫合主體A與B，稍微收緊縫線。
②袋底處對摺，將蝴蝶結環布纏繞於中心處，縫合固定。
③縫合兩側脇邊，接縫磁釦即完成。

③袋底處對摺，蝴蝶結環布纏繞中心處，兩端縫合後固定於背面。

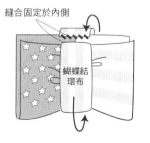

縫合固定於內側

蝴蝶結環布

④縫合兩側脇邊。

在內側中央接縫磁釦

圖騰流蘇手拿包

Designed by
FUNNY BUNNY

● 線材　　Hamanaka Ami Ami Cotton 白色（1）80g
　　　　　Hamanaka Ami Ami Cotton 黑色（20）15g
● 工具　　9號棒針2枝
● 其他材料　內袋用布 25×34cm
　　　　　　直徑1.8cm的磁釦 1組

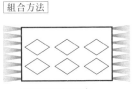

16.5cm
23.5cm

密度：平面針
　　　21針24段＝10cm平方

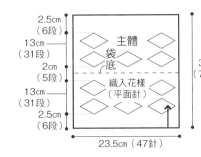

2.5cm（6段）
13cm（31段）
2cm（5段）
13cm（31段）
2.5cm（6段）

主體
袋底
織入花樣（平面針）

33cm（79段）

23.5cm（47針）

織法
取1條線編織。以棒針進行手指掛線起針法，起47針開始編織，一邊以平面針編織79段，一邊織入花樣，最後織套收針。

組合方法
①主體背面相對，在袋底處對摺，兩側脇邊縫合固定。
②製作內袋，接縫磁釦，藏針縫於主體內側。
③在兩側脇邊繫上流蘇（參照P.35）。

組合方法

在兩側脇邊的8處
各繫上8條流蘇。

流蘇

一個流蘇是將織線裁剪成20cm×8條，再穿入主體邊端的針目中（參照P.35）。

主體
8cm

內袋作法

a.摺入1cm，縫合。

（背面）

25cm

1cm（背面）
b.縫合兩側脇邊

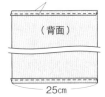

2.5cm

（正面）

c.接縫磁釦（另一側亦同）。

織入花樣　　□＝白色　■＝黑色　※皆為下針。

水玉點點手拿包

Designed by
R*oom

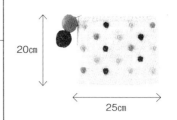

20cm

25cm

- **●線材**　Hamanaka FUUGA《SOLO COLOR》原色（101）70g
　　　　　　Hamanaka FUUGA《SOLO COLOR》卡其色（105）10g
　　　　　　Hamanaka FUUGA《SOLO COLOR》水藍色（106）10g
　　　　　　Hamanaka FUUGA《SOLO COLOR》紫色（107）10g
　　　　　　Hamanaka FUUGA《SOLO COLOR》黑色（110）10g
- **●工具**　10號棒針2枝　鉤針8/0號
　　　　　　Hamanaka 毛線球編織器（H204-550）直徑3.5cm
- **●其他材料**　內袋用布 26×39cm　拉鍊（23cm）　單圈（1.2×8mm）1個

密度：平面針
　　　17針26段＝10cm平方

取雙線編織

1.5cm（2段）　1針鬆緊針

18.5cm（48段）　**主體**　平面針

18cm（47段）　袋底

2cm（3段）　1針鬆緊針

40cm（100段）

25cm（43針）

內袋

※預留1cm縫份後裁剪。

內袋

袋底

37cm

24cm

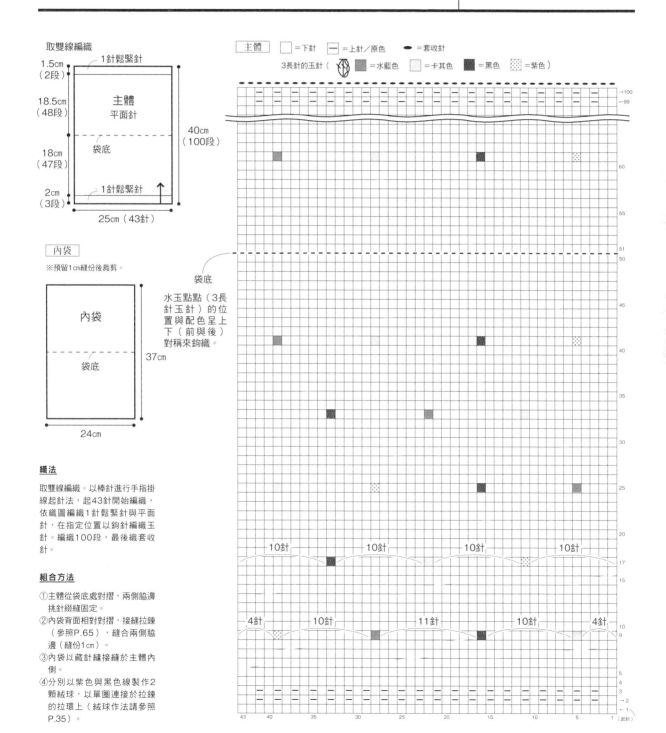

主體　□=下針　─=上針／原色　●=套收針

3長針的玉針（　）=水藍色　=卡其色　=黑色　=紫色）

袋底

水玉點點（3長針玉針）的位置與配色呈上下（前與後）對稱來鉤織。

織法

取雙線編織。以棒針進行手指掛線起針法，起43針開始編織，依織圖編織1針鬆緊針與平面針，在指定位置以鉤針編織玉針。編織100段，最後織套收針。

組合方法

①主體從袋底處對摺，兩側脇邊挑針綴縫固定。
②內袋背面相對對摺，接縫拉鍊（參照P.65），縫合兩側脇邊（縫份1cm）。
③內袋以藏針縫接縫於主體內側。
④分別以紫色與黑色線製作2顆絨球，以單圈連接於拉鍊的拉環上（絨球作法請參照P.35）。

花樣編手拿包

Designed by
R*oom

- ●線材　Hamanaka Eco Andaria 水藍色（66）120g
- ●工具　鉤針7/0號
- ●其他材料　直徑1.5cm的磁釦（手縫型）1組

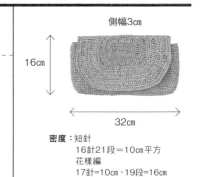

側幅3cm

16cm

32cm

密度：短針
16針21段＝10cm平方
花樣編
17針=10cm、19段=16cm

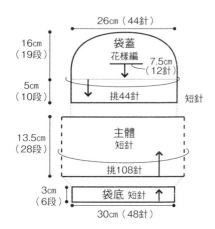

26cm（44針）

16cm（19段）

袋蓋
花樣編
7.5cm（12針）

5cm（10段）

挑44針　短針

13.5cm（28段）

主體
短針

挑108針

3cm（6段）

袋底 短針

30cm（48針）

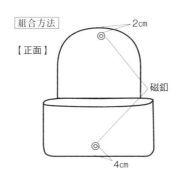

組合方法

2cm

【正面】

磁釦

4cm

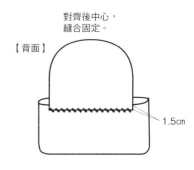

對齊後中心，
縫合固定。

【背面】

1.5cm

織法

取1條線鉤織。鎖針起針48針開始編織主體，以往復編鉤織6段袋底，接著以輪編鉤織主體（一圈挑108針），最後鉤引拔針。袋蓋為鎖針起針12針，以往復編鉤織4段短針，第5段開始依織圖鉤織花樣編。接著沿邊端挑針，以短針的往復編鉤織10段。最後鉤織一圈引拔針。

組合方法

①袋蓋接縫於主體後側。
②接縫磁釦。

主體

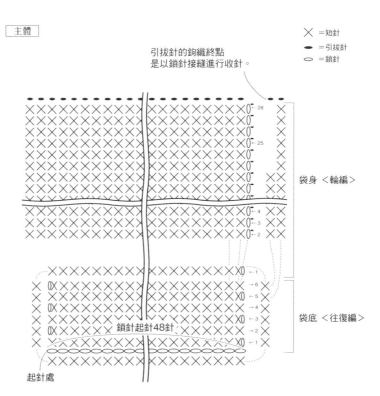

引拔針的鉤織終點
是以鎖針接縫進行收針。

✕ =短針
● =引拔針
○ =鎖針

袋身＜輪編＞

鎖針起針48針

袋底＜往復編＞

起針處

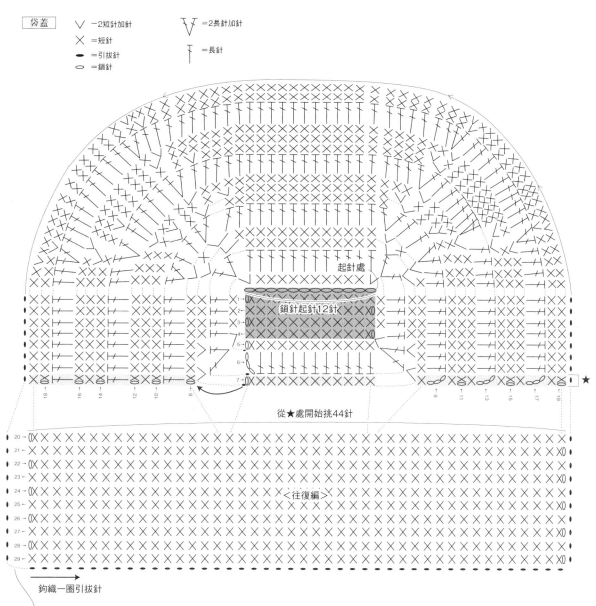

袋蓋 　　∨＝−2短針加針　　　∨＝2長針加針
　　　　×＝短針
　　　　●＝引拔針　　　　　　　　＝長針
　　　　○＝鎖針

起針處

鎖針起針12針

從★處開始挑44針

＜往復編＞

鉤織一圈引拔針

引拔針的鉤織終點是以鎖針接縫進行收針。

小鳥織片手拿包

Designed by
miquraffreshia

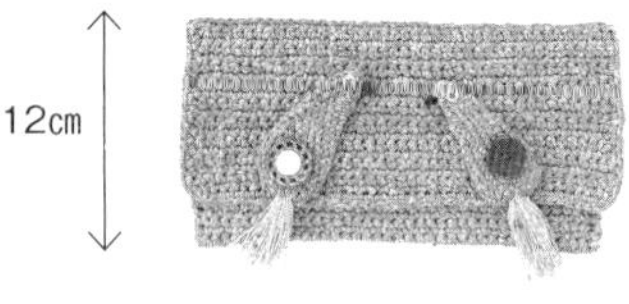

12cm
26cm

密度：短針（取三線編織）
16針20段＝10cm平方

●**線材**　Hamanaka 綴 綠色系（4）150g
Hamanaka LITHOS 黃色（4）5g
Hamanaka LITHOS 綠色（5）5g
●**工具**　鉤針7/0號
鉤針5/0號
●**其他材料**　捷克珠（16×5mm）2顆
直徑0.7cm的鈕釦 2顆
直徑2.5cm的鈕釦 2顆

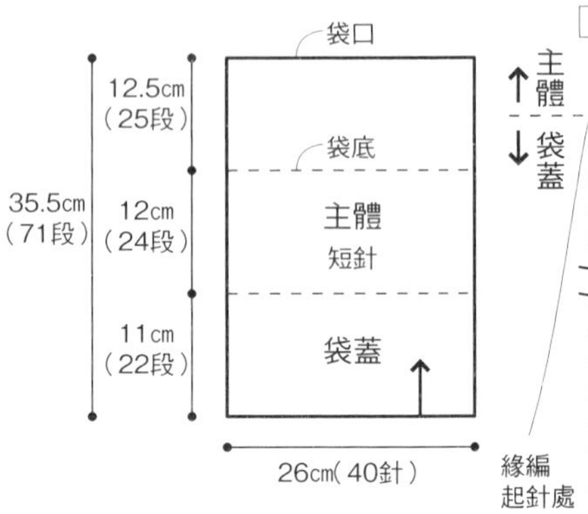

袋口
袋底
主體
短針
袋蓋
12.5cm（25段）
12cm（24段）
11cm（22段）
35.5cm（71段）
26cm（40針）

緣編　取3條織線，鉤針7/0號。

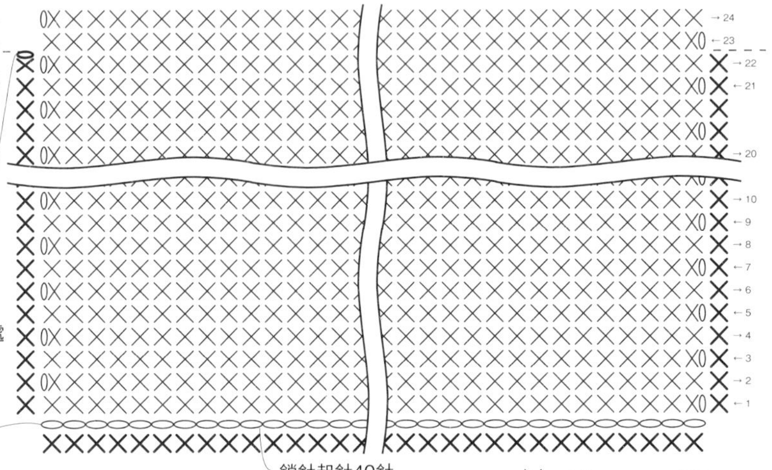

主體
袋蓋
緣編起針處
袋蓋起針處
鎖針起針40針

×＝短針　○＝鎖針
∨＝2短針加針　∧＝2短針併針
●＝引拔針

圖A　小鳥織片×2片
取雙線鉤織，鉤針5/0號。

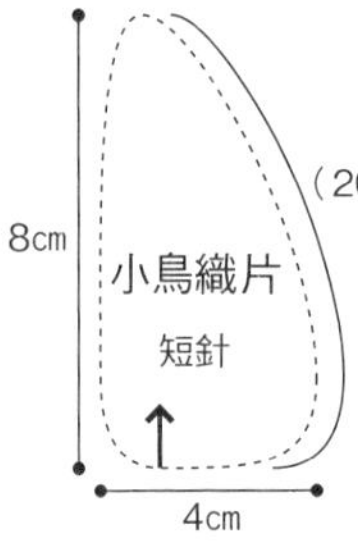

8cm
（20段）
小鳥織片
短針
4cm

<段數表>

段	針數	
20	5	每段各減1針
19	6	
18	7	
17	8	
16	9	
15	10	
14	11	
13	12	
12	13	
11	14	
10	15	
9	16	
8	17	
3～7	18	不加減針
2	18	加9針
1	9	

每段皆在相同處各減1針，
鉤織至第20段。

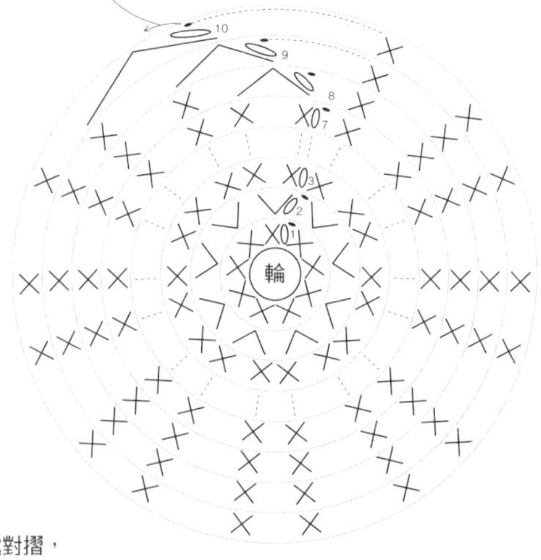

輪

織法

取3條綴鉤織主體。鎖針起針40針，以短針開始鉤織，第1段是在起針的鎖針裡山挑針，接著以往復編鉤織71段。沿袋蓋3邊鉤織緣編。小鳥織片是取2條綴鉤織，「手指繞線」起針，織入9針短針，依織圖加減針鉤織20段。鉤織2片相同織片。

組合方法

①主體從袋底處正面相對摺疊，兩側脇邊挑針綴縫固定。
②以2色LITHOS製作流蘇（參照P.32），縫於小鳥織片上。
③縫合鈕釦與珠子。
④將小鳥織片縫合固定於主體。

縫合鈕釦與捷克珠。

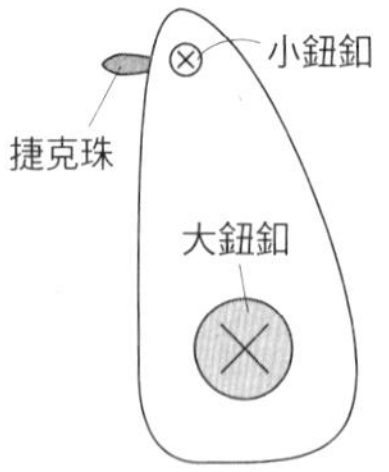

小鈕釦
捷克珠
大鈕釦

製作流蘇，
穿入起針的輪內
縫合固定。
※作法參照
P.32。
15cm×纏繞10次

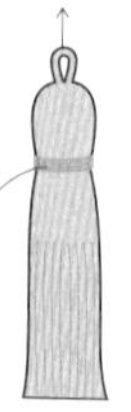

組合方法

從袋底處對摺，
兩側脇邊挑針綴縫固定。

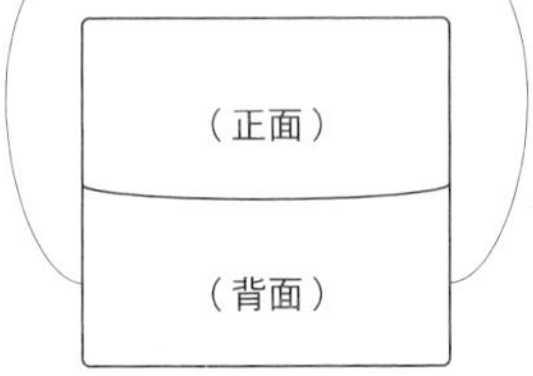

（正面）
（背面）

翻回正面，將小鳥織片縫合固定。

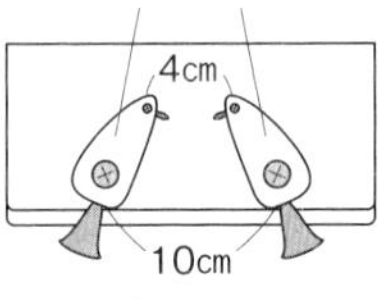

4cm
10cm

立體菱形手拿包

Designed by
Masami Nagai

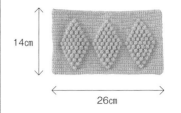

14cm

26cm

●線材　　　Hamanaka EXCEED WOOL L《並太》藍色（323）110g
●工具　　　鉤針5/0號
●其他材料　直徑1.8cm的磁釦（手縫型）1組

密度：短針
　　　23針27段＝10cm平方

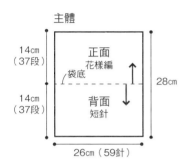

織法

取1條線鉤織。鎖針起針59針，以往復編鉤織37段，收針時預留1m的線段。在起針針目的另一側挑59針，朝反方向鉤織37段短針，再以預留的線段縫合兩側脇邊。

組合方法

接縫磁釦。

中央　1.5cm

主體　　×＝短針　　○＝鎖針
〇＝5長針的爆米花針
▨＝5長針的爆米花針是在前2段的短針挑針鉤織（將前段的鎖針一併包裹鉤織）

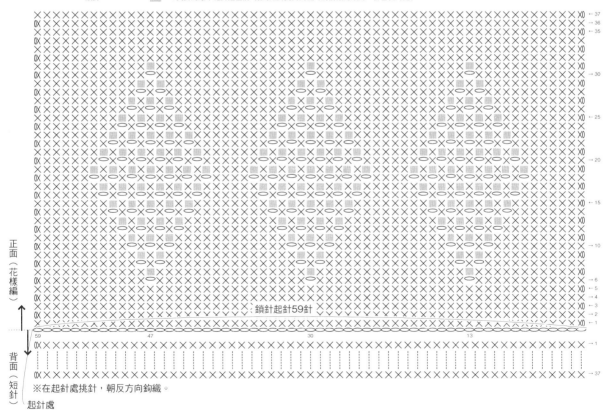

鎖針起針59針

※在起針處挑針，朝反方向鉤織。

起針處

多彩穗飾手拿包

Designed by
KITTUN ASWADU

● **線材** Hamanaka Sonomono Slub《超極太》原色（31）200g
● **工具** 鉤針8/0號
● **其他材料** 內袋用布 30×53cm
直徑1.8cm的磁釦（手縫型）1組
提洛爾花紋織帶（3cm寬）27cm
繡線　水藍色9束、紅色8束
管珠　適量
圓珠（7mm）7顆

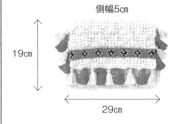

側幅5cm
19cm
29cm

密度：短針
11針13段＝10cm平方

24cm（26針）
15cm（20段） 袋蓋
17cm（22段） 主體
3針 短針
5cm（6段） 6段 袋底
17cm（22段） 54cm
袋口
29cm（32針）

內袋　※預留1cm縫份後裁剪。
23cm
15cm 袋蓋
2.5cm 2.5cm
18cm 內袋 51cm
18cm 袋底
28cm

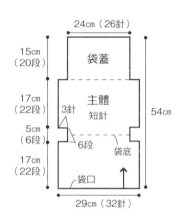
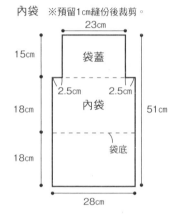

織法

取1條線鉤織。鎖針起針32針，
以短針的往復編鉤織22段後剪
線。在第4針接線後鉤織6段
（26針），接著加針至32針，
鉤織22段後剪線。同樣在第4針
接線，鉤織20段（26針）的袋
蓋。

組合方法

①主體兩側脇邊與袋底挑針綴縫
固定（形成側幅）。
②內袋主體正面相對，從袋底
處摺疊，縫合兩脇邊（縫份1
cm）。
③將脇邊底部壓平，摺疊成三角
形（參照P.56），縫製出4cm
寬的側幅。
④以繡線製作穗飾（參照
P.32），縫於袋蓋邊緣。
⑤在袋蓋上接縫提洛爾花紋織帶
與珠子。
⑥內袋的袋蓋兩側往背面反摺1
cm，藏針縫於主體內側。
⑦接縫磁釦。

主體

另取別線接續
鉤織3針鎖針
剪線

接線
剪線
→20
→2
接線
剪線
→22
←21
→兩側脇邊
分別對齊後縫合
（＝形成側幅）。
接線
→22
←21

X＝短針
◯＝鎖針

鎖針起針32針
起針處

組合方法

接縫提洛爾花紋織帶＆珠子。

管珠
圓珠
2cm
磁釦
8cm
水藍色穗飾
紅色穗飾

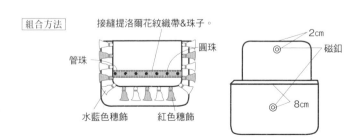

公牛圖案手拿包

Designed by
miquraffreshia

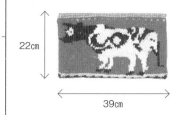

22cm

39cm

密度：平面針（取雙線編織）
14針19段＝10cm平方

- ●**線材**　　Hamanaka Amerry 灰色（22）80g
　　　　　Hamanaka Amerry 黑色（24）10g
　　　　　Hamanaka Amerry 水藍色（15）5g
　　　　　Hamanaka Amerry 黃色（25）15g
　　　　　Hamanaka Amerry 白色（20）20g
　　　　　Hamanaka Amerry 紅色（5）25g
- ●**工具**　　10號棒針2枝
- ●**其他材料**　內袋用布 41×46cm　拉鍊（36cm）

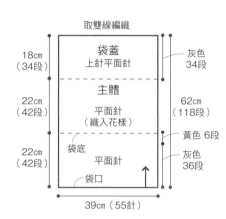

取雙線編織

18cm（34段）　袋蓋 上針平面針　　灰色 34段

22cm（42段）　主體 平面針（織入花樣）　62cm（118段）　黃色 6段

22cm（42段）　袋底 平面針　　灰色 36段

袋口

39cm（55針）

內袋作法

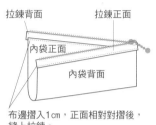

拉鍊背面　　拉鍊正面
內袋正面
內袋背面

布邊摺入1cm，正面相對對摺後，
縫上拉鍊。
※盡量避免縫至五金附近，
　請在布邊處接縫。

組合方法

主體正面

背面相對對摺，
以半針的挑針綴縫縫合兩側脇邊。

1cm　內袋背面

縫合兩側脇邊，放入主體後，
袋口處以藏針縫縫合一圈。

織法

取雙線編織。以棒針進行手指掛
線起針法，起55針開始編織，
一邊以平面針編織84段一邊織
入花樣，袋蓋以上針平面針編織
34段，最後織套收針。

組合方法

①從袋底處摺疊主體，兩側脇邊
　縫合固定。
②內袋正面相對對摺，接縫拉
　鍊，縫合兩側脇邊（縫份1
　cm）。
③內袋藏針縫於主體內側。

主體（織入花樣）

※皆為下針（僅第42段以扭針編織）。

□＝白色　■＝紅色　■＝灰色　□＝黃色　■＝黑色　▨＝水藍色

不對稱花樣手拿包

Designed by
gemelli

- **●線材**　Hamanaka Sonomono Alpaca Wool 灰色（45）130g
- **●工具**　12號棒針2枝
- **●其他材料**　內袋用布 31×52cm
　　　　接著襯 31×52cm
　　　　直徑3cm的圓形金屬鈕釦（Concho）
　　　　仿麂皮繩（120cm）

18.5cm

29cm

密度：花樣編
　　　　22針22.5段＝10cm平方

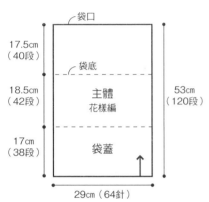

- 袋口
- 17.5cm（40段）
- 袋底
- 18.5cm（42段）
- 主體 花樣編
- 53cm（120段）
- 17cm（38段）
- 袋蓋
- 29cm（64針）

織法

取1條線編織。以棒針進行手指掛線起針法起64針，開始編織主體的120段花樣編，最後織套收針。

組合方法

①從袋底處摺疊，兩側脇邊縫合固定。
②組裝圓形金屬鈕釦與皮繩。
③內袋用布貼上接著襯，於1cm縫份處縫合內袋（參照P.43）。

= 下針
= 上針
□ = 套收針

= 右上2針交差
= 左上2針交差
= 右上3針交差
= 左上3針交差
= 右上3針交差
= 左上3針交差

組合方法

皮繩穿入圓形金屬鈕釦背面的釦腳中，從針目之間穿至背面，在背面打死結固定。皮繩重新穿至正面，內袋以藏針縫固定於主體內側。

皮繩
圓形金屬鈕釦

2.5cm

背面

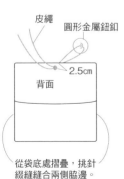

從袋底處摺疊，挑針綴縫縫合兩側脇邊。

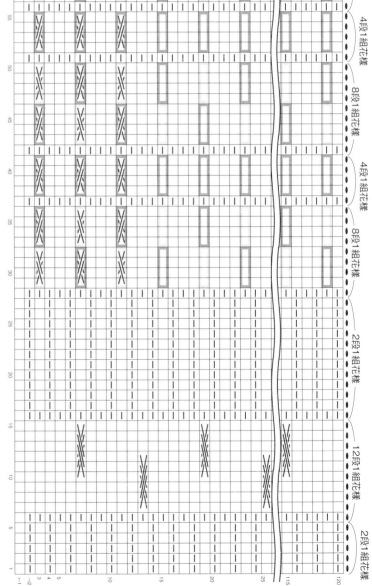

主體

8段1組花樣
4段1組花樣
8段1組花樣
4段1組花樣
8段1組花樣
2段1組花樣
12段1組花樣
2段1組花樣

木提把毛茸線圈手拿包

Designed by
R*oom

●線材　　　Hamanaka Sonomono Alpaca Wool 並太 原色（61）150g
●工具　　　鉤針8/0號
●其他材料　木提把 1組（內徑尺寸10.5×5.5cm）

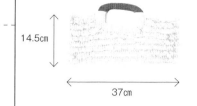

14.5cm

37cm

密度：花樣編（取雙線編織）
14針11段＝10cm平方

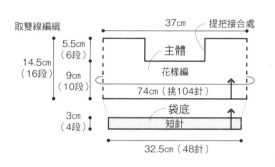

取雙線編織

5.5cm（6段）
14.5cm（16段）
9cm（10段）
主體
花樣編
74cm（挑104針）
37cm
提把接合處

3cm（4段）
袋底
短針
32.5cm（48針）

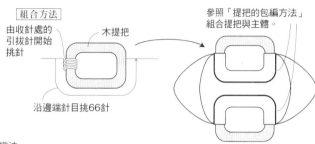

組合方法

由收針處的引拔針開始挑針
木提把
沿邊端針目挑66針

參照「提把的包編方法」組合提把與主體。

織法（32針）
接線
（32針）
接線
A
B
接線

織法

取雙線鉤織。鎖針起針48針開始編織主體，以短針鉤織4段袋底，接著以輪編的往復編鉤織花樣編，每鉤完1段就改變鉤織方向（長針的輪編是看著織片背面鉤織）。鉤織10段後剪線，在指定位置接線，從提把接合處開始鉤織6段花樣編，最後鉤引拔針。另一側以相同方式接線，鉤織6段與引拔針。

組合方法

取雙線鉤織，依步驟圖包編木提把。

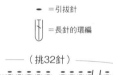

主體
○＝鎖針
×＝短針
－＝引拔針
長針的環編

（挑32針）
引拔針
（挑32針）
（預留20針）
A
接線
（預留20針）
剪線
接線
B
挑4針
起針處
鎖針起針48針
挑4針

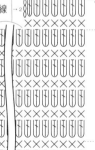

提把的包編方法
（本作品取2條線）

① 鉤針穿過提把，鉤出織線。

② 鉤針掛線引拔，鉤織立起針的鎖針1針。

③ 鉤針穿過提把與線圈，掛線後鉤出。

④ 鉤針掛線引拔。

⑤ 完成1針短針的模樣。沿著環圈挑針鉤織，進行包編。

【Knit・愛鉤織】55

時尚編織・我的風格手拿包

作　　　者／主婦與生活社◎編著
譯　　　者／彭小玲
發 行 人／詹慶和
總 編 輯／蔡麗玲
執行編輯／蔡毓玲
編　　　輯／劉蕙寧・黃璟安・陳姿伶・李宛真・陳昕儀
執行美編／周盈汝
美術編輯／陳麗娜・韓欣恬
出 版 者／雅書堂文化事業有限公司
發 行 者／雅書堂文化事業有限公司
郵撥帳號／18225950
戶　　　名／雅書堂文化事業有限公司
地　　　址／新北市板橋區板新路206號3樓
電　　　話／（02）8952-4078
傳　　　真／（02）8952-4084
電子郵件／elegantbooks@msa.hinet.net

2018年08月初版一刷　定價350元

KNIT NO CLUTCH BAG NEXT COLLECTION
Copyright © 2016 SHUFU-TO-SEIKATSU SHA LTD.
All rights reserved.
Original Japanese edition published by SHUFU-TO-SEIKATSU SHA
LTD., Tokyo.

This Complex Chinese language edition is published by arrangement
with SHUFU-TO-SEIKATSU SHA LTD., Tokyo in care of Tuttle-Mori
Agency, Inc., Tokyo through Keio Cultural Enterprise Co., Ltd., New
Taipei City

經銷／易可數位行銷股份有限公司
地址／新北市新店區寶橋路235巷6弄3號5樓
電話／（02）8911-0825
傳真／（02）8911-0801

版權所有・翻印必究
（未經同意，不得將本著作物之任何內容以任何形式使用刊載）
本書如有破損缺頁請寄回本公司更換

[日文版STAFF]

編輯　鞍田惠子
書籍設計　日毛直美
攝影　仁志しおり　竹下アキコ　亀和田良弘（本社）
造型　TAMA
髮型設計　ASAMI HORIE
模特兒　きなり
作品製作協力　森山洋子
製圖　Recipea株式會社
校正（P. 32〜63）　山本晶子
校閱　K. I. A

[服裝協力]

KENJI HIKINO
http://www.kenjihikino.com
（封面、P. 13上衣　P30 - 31連身裙）

POTTENBURN TOHKII
http://pottenburntohkii.com
（P. 3、P. 16 - 17上衣、長褲　P. 27上衣）

Romei
http://www.romeitrip.com
（P. 6 - 7連身褲　P. 18上衣、裙子　P. 28夾克、長褲）

somuium
http://somnium-web.com
（P. 3、P. 6 - 7戒指　P. 9戒指、頸鍊　P. 16 - 17戒指）

Siiilon
http://www.siiilon.com
（P. 9 set up）

UN CINQ
uncinq.jp
（P. 1、P. 10 - 11連身裙　P. 13戒指　P. 14連身裙、耳環、髮圈　P. 18戒指
P. 24長褲、戒指　P. 27耳環　P. 31戒指）

VL by VEE
http://www.vlbyvee.com
（P. 13裙子　P. 24上衣　P. 27裙子）

國家圖書館出版品預行編目資料

時尚編織.我的風格手拿包 / 主婦與生活社編
著；彭小玲譯. -- 初版. -- 新北市：雅書堂文化，
2018.08
　面；　公分. -- (愛鉤織；55)
ISBN 978-986-302-446-0(平裝)

1.編織 2.手工藝
426.4　　　　　　　　　　　　107012821

本書刊載作品素材皆為Hamanaka手藝線材，詳細請參閱洽以下單位。

HAMANAKA

Hamanaka株式會社
京都本社
〒616-8585　京都市右京區花園藪／下町2番地之3

Hamanaka株式會社官網
http://www.hamanaka.co.jp
手織＆手藝的資訊網站「Amuuse」
http://www.amuuse.jp